www.ingramcontent.com/pod-product-compliance
Lightning Source LLC
Chambersburg PA
CBHW081007170526
45158CB00010B/2940
* 9 7 8 1 0 9 1 3 0 2 6 6 2 *